DENTRO DE
Australia Salvaje

BLACKBIRCH PRESS

An imprint of Thomson Gale, a part of The Thomson Corporation

Detroit • New York • San Francisco • San Diego • New Haven, Conn. • Waterville, Maine • London • Munich

LIBRARY OF CONGRESS CATALOGING-IN-PUBLICATION DATA

Into wild Australia. Spanish.
 Dentro de Australia salvaje / edited by Elaine Pascoe.
  p. cm. — (Jeff Corwin experience)
 Includes bibliographical references and index.
 ISBN 1-4103-0677-1 (hard cover : alk. paper)
 1. Zoology—Australia—Juvenile literature. I. Pascoe, Elaine. II. Title. III. Series.

 QL338.I58 2005
 591.994—dc22   2004029276

Printed in United States of America
10 9 8 7 6 5 4 3 2 1

Desde que era niño, soñaba con viajar alrededor del mundo, visitar lugares exóticos y ver todo tipo de animales increíbles. Y ahora, ¡adivina! ¡Eso es exactamente lo que hago!

Sí, tengo muchísima suerte. Pero no tienes que tener tu propio programa de televisión en Animal Planet para salir y explorar el mundo natural que te rodea. Bueno, yo sí viajo a Madagascar y el Amazonas y a todo tipo de lugares impresionantes—pero no necesitas ir demasiado lejos para ver la maravillosa vida silvestre de cerca. De hecho, puedo encontrar miles de criaturas increíbles aquí mismo, en mi propio patio trasero—o en el de mi vecino (aunque se molesta un poco cuando me encuentra arrastrándome por los arbustos). El punto es que, no importa dónde vivas, hay cosas fantásticas para ver en la naturaleza. Todo lo que tienes que hacer es mirar.

Por ejemplo, me encantan las serpientes. Me he enfrentado cara a cara con las víboras más venenosas del mundo—algunas de las más grandes, más fuertes y más raras. Pero también encontré una extraordinaria variedad de serpientes con sólo viajar por Massachussets, mi estado natal. Viajé a reservas, parques estatales, parques nacionales—y en cada lugar disfruté de plantas y animales únicos e impresionantes. Entonces, si yo lo puedo hacer, tú también lo puedes hacer (¡excepto por lo de cazar serpientes venenosas!) Así que planea una caminata por la naturaleza con algunos amigos. Organiza proyectos con tu maestro de ciencias en la escuela. Pídeles a tus papás que incluyan un parque estatal o nacional en la lista de cosas que hacer en las siguientes vacaciones familiares. Construye una casa para pájaros. Lo que sea. Pero ten contacto con la naturaleza.

Cuando leas estas páginas y veas las fotos, quizás puedas ver lo entusiasmado que me pongo cuando me enfrento cara a cara con bellos animales. Eso quiero precisamente. Que sientas la emoción. Y quiero que recuerdes que—incluso si no tienes tu propio programa de televisión—puedes experimentar la increíble belleza de la naturaleza dondequiera que vayas, cualquier día de la semana. Sólo espero ayudar a poner más a tu alcance ese fascinante poder y belleza. ¡Que lo disfrutes!

Mis mejores deseos,

Australia Salvaje

NORTEAMÉRICA

Océano
Atlántico

ASIA

EUROPA

ÁFRICA

Océano
Pacífico

Océano
Pacífico

AMÉRICA
DEL
SUR

Océano
Indico

AUSTRALIA

Australia es una tierra de paisajes vastos e increíbles, donde un dragón vive en el océano y el cielo se llena de murciélagos gigantes. Es un lugar con lagartijas de apariencia extraña y lenguas azules.

Me llamo Jeff Corwin.
Bienvenidos a Australia.

Buenos días, compañero.
¡Bienvenido a Australia!

Buenos días, compañero. Ésta es Australia, el país que también es un continente. Estoy en un territorio llamado Nueva Gales del Sur.

En Australia, como en Madagascar, muchos de los animales que viven en este continente-isla son endémicos. Esto significa que sólo los puedes encontrar en esta impresionante tierra y en ningún otro lugar. Desafortunadamente, cuando la gente llegó a Australia, no reconoció la importancia de muchas de estas especies. Su conducta llevó a la extinción de numerosas especies de animales.

Estamos aquí para explorar la relación entre seres humanos y animales, especialmente la relación que ha permitido salvar a muchos de estos animales, rescatándolos cuando estaban a punto de extinguirse.

Nuestro viaje comienza en el sur, justo a la salida de la ciudad costera de Melbourne. Nos dirigimos al noroeste hacia las regiones áridas. Desde allí, vamos a hacer un círculo hasta llegar al sur. Vamos a viajar a través de todo tipo de hábitats, desde los desiertos hasta las praderas

y bosques. Finalmente, llegaremos a una isla a poca distancia de la costa llamada Isla Canguro. Pero no iremos en busca de canguros. Estaremos en busca de una lagartija.

Vamos a encontrarnos con Bruce Jacobs, una persona que se especializa en la crian-za de dingos. Los dingos son diferentes a los perros domésticos. Por ejemplo, los perros domésticos pueden reproducirse durante todo el año, pero los dingos sólo

Parece un perro doméstico, ¡pero es un dingo!

Los dingos son eficientes depredadores.

se reproducen dos veces al año. Y a fin de año, en el otoño, parece un club de dingos.

Los dingos son eficientes depredadores. De hecho, son tan eficientes que se convirtieron en una seria

¡Éste nos está mirando fijamente!

amenaza para el ganado, cuando los europeos se establecieron en las zonas remotas de Australia. Entonces, los australianos construyeron esta cerca de 6 pies (1,8 metros) de altura. Es la estructura más larga hecha por el hombre que existe en el planeta. Se construyó para que los dingos no pudieran entrar a las granjas de Nueva Gales del Sur, y se logró el objetivo. Pero los canguros viven aquí también y cuando los dingos dejaron de ser una amenaza, el área fue invadida por canguros. Fue una de esas cosas que parecen una buena idea, pero al final tienen consecuencias inesperadas.

No es posible saltarse la cerca contra dingos.

¡Ay! Un dingo se comió mi pastel.

¡Ay, no! ¡Un dingo se comió mi pastel! Estos animales son muy sociables y se movilizan en manadas. Dependen de la manada para sobrevivir. Un dingo solitario en las zonas remotas tiene pocas probabilidades de sobrevivir. Pero juntos, los individuos de una manada pueden cazar juntos y sobrevivir. La manada tiene una jerarquía.

Para poder vivir en grupo, se necesita establecer el orden. No puede haber caos. Por eso la manada tiene un macho alfa y una hembra alfa. Éstos son los dominantes y los que se pueden reproducir.

Los dingos viven en manadas.

Es grandioso estar tan cerca de estos maravillosos animales. Y otra cosa estupenda de este encuentro es que podemos ver que estas criaturas por fin están recibiendo el respeto que merecen. Por muchas generaciones, los aborígenes reconocieron la importancia del dingo. Finalmente los otros australianos lo están reconociendo. Y aunque son depredadores eficaces y buenos cazadores, hay otros animales aquí que son incluso más letales. Vamos a buscarlos.

Por fin los dingos están recibiendo el respeto que merecen.

Algo excelente de esta parte de Australia es que nunca estás muy lejos de un hábitat completamente aislado. En esta zona silvestre puedes encontrar casi cualquier cosa. ¡Hoy es nuestro día de suerte! Vamos a ver a mi serpiente australiana favorita. Mira el

Mira aquí abajo.

arbusto aquí abajo. Enterrada en un lecho de hojas hay una víbora australiana. Esta serpiente tiene un camuflaje extraordinario.

¡Ten cuidado! ¿Ves a la serpiente?

Tal vez lo más increíble de la víbora australiana es que no parece ser lo que es. Tiene la apariencia de una víbora. Con su cuerpo macizo y cabeza triangular, parece un pariente cercano de la serpiente de cascabel americana. Pero no es así. La víbora australiana pertenece a la familia de elápidos, emparentada con cobras y mambas, no serpientes de cascabel o serpientes cobrizas.

La víbora australiana es maciza como una serpiente de cascabel, pero no son de la misma familia.

La víbora del desierto es una de las serpientes australianas de apariencia más hermosa. Definitivamente es mi favorita en Australia. Devolvámosla a su pequeño escondite de ramas para que pueda volver a hacerse invisible. Nos marchamos de las tierras secas a la costa para ver más de la impresionante fauna de Australia.

Mira esa cabeza perfectamente triangular.

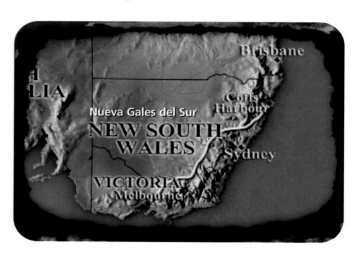

Nos dirigimos al norte, siguiendo la costa, y nuestra siguiente parada es el pintoresco pueblito de Coffs Harbour, en la pequeña isla Bellingen. Hay conceptos equivocados sobre Australia, y sobre casi todos los lugares del mundo.

Vamos a Coffs Harbour...

Por ejemplo, Australia tiene la reputación de ser una tierra de vastas zonas remotas y silvestres como en la película *Cocodrilo Dundee*. Pero, de hecho, eso no es verdad. Australia, especialmente en estas partes, tiene que lidiar con el mismo problema que tenemos en nuestro país.

El problema es la sobrepoblación que absorbe toda la tierra para acomodarnos a nosotros los seres humanos, y la explotación del hábitat. Australia está proponiendo nuevos e interesantes métodos de conservación para que la gente y la vida silvestre puedan coexistir lado a lado.

... para ver cómo vive la gente y la vida silvestre lado a lado.

Acabo de escuchar un chillido que sale en todas las bandas sonoras de las películas de la selva. Cada vez que veo una película supuestamente ambientada en las selvas sudamericanas y escucho este sonido, sé que no es Sudamérica. Es una cucaburra. Se ha convertido en el sonido selvático por excelencia.

Mira este árbol. Sé que estamos muy cerca de encontrar a un animal porque hay huellas frescas. Puedes ver que un animal ha trepado este árbol y escalado hasta la copa. Esto nos dice que tenemos que mirar hacia arriba.

Por supuesto, colgando allí arriba hay un animal que es el embajador de Australia. Es un oso koala. Tenemos una buena vista del animal. Normalmente están muy arriba, casi 100 pies (30,5 metros) sobre el suelo del bosque. Éste está a sólo 15 ó 20 pies (4,6 ó 6,1 metros) de altura, lo que nos permite ver de cerca a este hermoso animal, el koala de Australia.

Mira qué alto está.

El koala allá arriba está disfrutando de su bocadillo favorito.

Adivinaste… está comiendo hojas de eucalipto. Hace un par de años los humanos construyeron una carretera justo a través de su hábitat. Para los koalas y otros residentes de esta zona, las consecuencias fueron devastadoras.

El koala es el embajador de Australia.

Es una pena. Hay un animal muerto, una víctima de esta autopista. Es definitivamente un macrópodo porque tiene grandes pies para rebotar. Creo que es un ualabi del pantano. Hay algo más. Es la calavera de un koala. Probablemente este animal fue atropellado por un carro al tratar de cruzar la autopista. Pero no tenía que cruzar por aquí para llegar al otro lado. Te voy a mostrar de lo que estoy hablando.

¡Ay, no! Hay un animal muerto en la autopista.

Mira la calavera de un koala.

Es muy difícil traspasar esta cerca.

Mira esta cerca. Es difícil de traspasar. De hecho, fue construida así intencionalmente. Mira la parte superior de la cerca. Es una cerca de puntas caídas, como le llaman aquí en Australia. Está diseñada para que sea muy difícil de atravesar. Si un animal quiere ir al otro lado, es un desafío. Lo más probable es que el animal baje al suelo del bosque y rodee la cerca hasta llegar a un túnel que se encuentra más adelante.

Este túnel parece un canal de desagüe, pero es en realidad para koalas. Y sólo para asegurarse que lo están usando, hay trampas de arena para registrar sus huellas. Los científicos han colocado esta cámara de observación para ver a los koalas que están usando este túnel. Espero que no les moleste que use su túnel para volver a mi Land Rover.

¡Qué belleza! Mira la lindura que tenemos aquí. ¿No es preciosa? Es una pitón. Se ve hermosísima con su lengua extendida saboreando el mundo, ¿no?

Y mira los colores. Ésta es definitivamente adulta, de 6 pies (1,8 metros) de largo más o menos. Voy a adivinar que tal vez es una hembra. Es una constrictor y come de todo, desde murciélagos a zarigüeyas.

¡Hombre! Está sí que es una serpiente pitón preciosa.

Afortunadamente para nosotros, no fue una víctima de la autopista. ¡Qué suerte fue encontrarla!

He decidido desviarme un poquito en mi expedición por Australia para visitar la Isla Bellingen. Es el hogar de miles y miles de murciélagos fruteros. Esto crea cierta controversia, porque los seres humanos y los murciélagos son vecinos.

Prepárate para los murciélagos de la Isla Bellingen.

Los murciélagos alejan a los clientes de un parque para vehículos de recreación. Mucha gente viene con vehículos nuevos y dice, "No, no nos podemos quedar" a causa de los murciélagos. Pero para suerte de los murciélagos, algunas personas sí desean que ellos se queden.

Estos animalitos asustan a la gente.

Miles de murciélagos fruteros viven aquí.

Te presento a Viv Jones. Su pasión es proteger a estos mamíferos alados del avance de la civilización. Me ofreció llevarme a ver de cerca a estos impresionantes zorros voladores. Éste es el Río Bellingen. Es de aguas cristalinas y nos servirá de ruta para llegar a estos murciélagos.

Viv protege a los murciélagos. Es única, ¿no?

Este dragón acuático está tomando un poco de sol.

¡Qué increíble! ¡Mira esto! Hay un dragón acuático descansando y tomando sol. Aquí es donde vive, su territorio. Normalmente, si se sienten amenazados, se meten inmediatamente en el agua. Pero con todos estos muchachos y toda esta actividad, no tiene enemigos en estos lugares.

Ahora me meto en este bote con Viv. ¡Mira eso! En esos árboles hay miles de miles de miles de murciélagos fruteros. Están colgados esperando su turno para tomar agua.

Descansando colgados.

Hay 20 mil murciélagos viviendo en estos árboles. Ahora se están empezando a mover. Por eso vinimos río abajo.

Hace tanto calor que muchos de estos murciélagos están tomando agua al mismo tiempo. Cuando aterrizan en los árboles, se cuelgan boca abajo hasta alcanzar el agua y sorben el líquido. Por eso lo que hacen se llama sorber. Para los murciélagos, estar boca abajo es tan cómodo como estar boca arriba.

Esta conducta es muy inusual. He estudiado murciélagos toda mi vida y nunca he visto esto antes. Viv dice que sólo pasa una o dos veces al año cuando hace mucho calor.

Hemos remado río abajo sólo para ver...

... ¡eso! ¡Increíble! ¿Viste cómo ese murciélago se tiró al agua?

He estado llamando a estos murciélagos 'fruteros', pero estos murciélagos también comen néctar y polen. Los murciélagos adultos crecen hasta tener una envergadura de aproximadamente 5 pies (1,5 metros). ¡Imagina la cantidad de comida que estos miles de mur-ciélagos deben consumir en una noche! Ahora los árboles están explotando de murciélagos. Están viniendo por cientos y están sorbiendo agua.

Boca abajo o boca arriba es igual de cómodo para estos animalitos.

¡Mira la lengua de este animal!

Enseguida nos ponemos en camino hacia las regiones verdaderamente remotas. Ése es el ualabi de cola punti-aguda. Y ésta es una lagartija que parece que se acaba de comer una paleta azul. ¡Mira cómo saca la lengua!

¿Una pila de madera muerta? Sé que tiene que haber un animal por allí. Éste es el dunart común, un pariente del Diablo de Tasmania.

Y éste es el goana, la lagartija clásica de Australia. ¿Ves esos dos ojos hermosos, brillantes y lustrosos que te miran?

Te presento a Ian Hunter, un descendiente de aborígenes australianos y maestro del diyeridú, un instrumento musical. Estos sonidos antiguos evocan imágenes de los animales cuyo hogar es Australia.

Vamos a cruzar hasta el otro lado de la cerca.

Al otro lado de la cerca está el Santuario para la Vida Silvestre de Scotia. Es un hábitat protegido que comprende más de 680 kilómetros cuadrados. Veinte años atrás eran terrenos agrícolas, pero hoy están protegidos. Es un lugar ideal para ver a los animales que sólo se encuentran aquí en Scotia, y en ningún otro lugar de Australia.

Adivina lo que hay debajo del sombrero.

Debajo de este sombrero está uno de los más grandes actores entre las lagartijas. Es un eslizón, pero no uno común y corriente. Es un eslizón de lengua azul. Mira lo que hace este animal cuando se siente amenazado. Abre la boca y saca la lengua.

¡Mira cómo mueve la lengua! Su objetivo es parecer más grande de lo que es. Cuando saca la lengua de ese brillante color azul aposemático, está enviando una advertencia. No se le conoce por sus mordeduras, pero si lo molestas te puede dar un mordisco. Mira, no

Es un eslizón de lengua azul.

sólo está sacando la lengua, sino que también ha aplanado su cuerpo tratando de verse realmente feroz. ¿No es original? Ésta es la especie occidental, *Tiliqua scincoides*. Ver uno de éstos en su hábitat natural es muy emocionante. Dejémoslo ir y continuemos explorando este impresionante lugar.

¡Parece como si se acabara de comer una paleta azul!

El sol se está empezando a poner. Ahora es cuando empieza la actividad entre los animales. A medida que la noche envuelve al monte, los animales comienzan a moverse. Son muy tímidos y esquivos. Creo que tenemos que mirar en esos arbustos. Pero cuanta más oscuridad, más animales.

Exploremos estos arbustos.

¡Qué emoción! Un ualabi de cola puntiaguda.

Éste es el ualabi de cola puntiaguda. Tiene una raya negra que le cruza los hombros, como una brida. Y en la base de la cola tiene una estructura puntiaguda. Creo que si nos movemos despacio y silenciosamente, podremos acercarnos y verlo bien.

El ualabi de cola puntiaguda fue devuelto a este hábitat por Earth Sanctuaries, una fundación privada que lucha por operar santuarios para la vida silvestre en Scotia y en toda Australia. El ualabi de cola puntiaguda se había extinguido localmente hacía 75 años, pero fue reinsertado en 1998.

Ahora está prosperando nuevamente. Se está haciendo tarde, pero antes de que amanezca quiero mostrarte tres otras especies que los científicos en Scotia están estudiando. Todos son parientes cercanos del canguro.

Se parece a su pariente... el canguro

Estás a punto de ver un numbat de cerca. A los numbats les encanta esconderse en troncos huecos y comer termitas. De hecho, pueden consumir hasta 20 mil termitas en un día. Eran muy comunes en esta región, pero fueron llevados hasta casi la extinción cuando animales europeos como los zorros y los gatos salvajes fueron traídos a Australia. Gracias a este programa, están haciendo su reaparición.

Ven aquí, pequeño numbat.

Al anochecer es cuando salen las criaturas nocturnas.

Cuando empieza a caer la noche es el momento perfecto para examinar a una criatura nocturna que también es pariente del canguro, el bilbi. Sus largas orejas actúan como radiadores y le ayudan a mantenerse fresco incluso en los climas más calurosos.

A pesar de su apariencia extraña, los bilbis se han convertido en el símbolo de la Pascua en Australia, así como lo es el conejo de Pascua en los Estados Unidos. Los niños de aquí se alborotan totalmente por los bilbis de chocolate.

¡Es el bilbi de Pascua!

No es necesario tener mucha imaginación para ver que este animalito es pariente del canguro, de la familia macrópoda. Sólo hay que mirar cómo se mueve el betong, usando principalmente sus patas traseras. Los betongs son las ratas canguro más grandes y pueden sobrepasar las 6 libras (2,7 kilogramos) de peso.

Los betongs son las ratas canguro más grandes.

Estos animales cavan túneles profundos dentro de la tierra y construyen madrigueras subterráneas. Las madrigueras son muy complejas, pudiendo llegar a haber hasta 150 túneles diferentes en una sola madriguera.

Me podría pasar toda la noche aquí en Scotia, pero necesito seguir mi viaje. Es que hay un par de lagartijas en la Isla Canguro que me están esperando.

Desde Scotia manejamos nueve horas, y antes de darnos cuenta estamos en la singular ciudad de Adelaida. Está localizada en la costa pero no muy lejos de las regiones silvestres. Adelaida es el resultado de la planificación urbana y es famosa por sus hermosos jardines y numerosos parques. Pero hemos venido aquí con un propósito.

Adelaida tiene edificios muy hermosos.

Así como en los Estados Unidos, Australia tiene que lidiar con la expansión de las ciudades hacia territorio abierto. Por ejemplo, estamos en las afueras de Adelaida, en los suburbios. Pero a medida que los humanos invaden el hábitat silvestre, la fauna salvaje queda desplazada, incluso los reptiles.

Estamos aquí para ver lo que pasa cuando los vecinos se encuentran, los mamíferos y los reptiles, específicamente los seres humanos y las serpientes. Ten en cuenta que Australia tiene algunas de las serpientes más venenosas del mundo.

Geoff rescata mortales serpientes pardas.

Te presento a Geoff Coombs. Dirige un programa de educación y rescate único en el mundo. Si alguien encuentra una mortal serpiente parda en su jardín, cocina o patio, en lugar de matarla, llaman a Geoff y él viene a rescatarla. Geoff ofreció mostrarme cómo es una llamada típica.

Estamos en una casa preciosa. ¡Pero cuidado! ¡Hay una serpiente mortal en el baño! De modo que vamos a necesitar el bastón de serpientes adecuado. Es una hermosa serpiente que no es particularmente agresiva. Pero se ha metido en la bañera y ha botado dentro todo lo que estaba cerca. Es una serpiente parda oriental de buen tamaño. Es una serpiente muy venenosa. El problema es que está entrando en el hábitat humano, o mejor dicho, los humanos están entrando al hábitat de esta serpiente, y esto es lo que sucede.

¡Ten cuidado, Geoff!

¡Qué serpiente más bonita! Esta serpiente puede llegar a medir 6 pies (1,8 metros) de largo. Produce un veneno altamente tóxico, una neurotoxina que está diseñada para causar el colapso del sistema nervioso de su presa o un depredador. Pero su primera defensa es el escape. También es parda como camuflaje, para poder mimetizarse con rocas secas o una pared de piedra. Geoff va a llevar a esta preciosura de vuelta al monte de donde salió, algo que hace cientos de veces al año.

Más adelante, vamos a bucear en busca de dragones marinos. Luego, más tarde, vamos a ir a la Isla Canguro donde tendremos una cita interesante con una pareja interesante. Estamos yendo por la costa sur de Australia en dirección al Cabo Jervis en la costa sur. Desde allí iremos en ferry a la Isla Canguro.

Las serpientes pardas tienen un camuflaje excelente.

Hace unos pocos años el Cabo Jervis captó la atención del mundo cuando una ballena muerta apareció cerca de la orilla. No había nada demasiado inusual al respecto, sino que la ballena atrajo a grandes tiburones blancos, lo que provocó un frenesí de alimentación.

Esto motivó a los restaurantes locales a realizar concursos para ver quién podía atrapar a estos tiburones devoradores de gente.

Periodistas de todo el mundo vinieron atraídos por esta situación, lo que trajo más dinero a esta playa remota en una semana de la que normalmente recibe en todo el año.

Los buzos Jeremy Gramp y Cary Harmer dirigen un proyecto llamado Búsqueda de Dragones para alentar a otros buzos a contactarlos si ven dragones en aguas australianas. Con esa información esperan promover y proteger a esta especie poco conocida en peligro de extinción.

Estamos buceando en busca de dragones marinos.

Aquí hay uno. ¿Ves como se mimetiza con su entorno?

A pesar de su nombre, este dragón es realmente un pez. Los científicos consideran que éste es uno de los mejores ejemplos de camuflaje en la naturaleza.

Se alimenta de plancton y peces minúsculos, pero no tiene dientes. ¡Es increíble ver dragones bajo el agua!

Los dragones marinos son muy hermosos... pero están en peligro de extinción.

Este koala está listo para una toma de cerca.

La Isla Canguro es la tercera más grande de Australia. Se precia de tener alrededor de 600 especies nativas de plantas. Pero no hemos venido por las plantas. En 1923 se trajo un pequeño grupo de koalas en un esfuerzo por proteger a esta especie en peligro de extinción.

El experimento funcionó demasiado bien, porque ahora hay entre 15 y 30 mil animales. La población está consumiendo árboles a un ritmo demasiado rápido. Para ver a estos animales de cerca vamos a ir al Refugio para la Vida Silvestre de Parndana.

Los koalas están consumiendo rápidamente los árboles en la Isla Canguro.

Lo estupendo acerca de Parndana es que podemos ver a estos animales muy de cerca. En el bosque tal vez veas a un koala subido a un árbol, pero nunca verías conductas como ésta ni tendrías contacto con uno.

Los koalas machos pueden ser agresivos.

Hoy no quiero perder un dedo.

De hecho, los koalas machos pueden ser bastante agresivos. Pueden ser agresivos con otros koalas con respecto a su territorio. Si te acercaras así a un koala en el bosque, saldrías con algo más que una mordida. Saldrías con marcas de colmillos y sin varios dedos.

La isla se llama Canguro, pero sus residentes más famosos son lagartijas. Éste es un reptil al que vengo buscando por todo el sur de Australia. Seguro que vamos a tener suerte y ver goanas, especialmente porque se nos vamos a reunir con el mayor conocedor de goanas en Australia, Brian Green.

Te presento a Brian Green, el mayor conocedor de goanas en el mundo.

Éste parece ser el lugar correcto, pero siento un poco de frío. Con la suerte que tengo, vine a la Isla Canguro en verano y ¡me tocó un invierno australiano!

Te presento a Brian Green. Su investigación es la razón por la que hemos venido hasta la Isla Canguro.

Las madrigueras de los goanas tienen sólo 6 pulgadas (15 centímetros) de profundidad. Hay madrigueras nupciales, donde los animales se aparean.

Mira esta belleza. Es un goana Rosenberg macho. Y como ves, se parece a esas lagartijas de cuerpo largo que hemos visto alrededor del mundo. Las lagartijas de cuerpo largo y lenguas bífidas se llaman monitores y pertenecen a la familia de los varánidos. ¡Qué criatura más hermosa! Está un poco molesta ahora, por eso silba amenazante.

Cálmate, grandote. No empieces a amenazarme con tus silbidos.

Mira ese perfil.

Brian cree que estos dos goanas acaban de comenzar a aparearse. Una vez que empiezan, lo hacen por un perío-do de 12 días. Se aparean de 15 a 20 veces por día. Al cabo de ese tiempo el macho se aleja y regresa ocasionalmente. La hembra se mantiene más o menos inactiva por tres se-manas más o menos, mientras deposita todo en los huevos antes de ponerlos.

Este goana sabe que es una celebridad. Mira su hermoso y largo cuerpo.

La hembra tiene el vientre un poco más grande en este momento, aunque los huevos sean muy pequeños. Una parte importante del estudio de Brian es registrar las estadísticas vitales de los goanas que captura. Luego, antes de soltarlos, les pone una marca de identificación en el cuerpo.

Su vientre está lleno de huevos.

Aquí termina nuestra aventura australiana. ¡Nos vemos pronto!

Bueno, compañero, como dicen en la Isla Canguro, aquí termina nuestra gran aventura australiana. Espero que hayas disfrutado nuestro viaje que fue de un interesante ecosistema a otro en la búsqueda de vida silvestre inusual y maravillosa, lo que hace que este lugar sea tan especial para la exploración. ¡Hasta la próxima! Tengo muchas ganas de verte en nuestra próxima aventura juntos.

Glossary

aposemático algo que actúa como una advertencia para otros animales, como colores brillantes

bífida partida en dos

conservación preservación o protección

depredador animal que mata y se alimenta de otros animales

diyeridú instrumento musical de los aborígenes australianos

endémico originario de un lugar en particular

envergadura largo total de las alas en posición abierta y extendida

extinción cuando ya no existen más individuos de una especie

hábitat lugar donde los animales y plantas viven juntos naturalmente

macrópodo familia de animales que incluye a los canguros y ualabis

mimetizarse copiar los colores del paisaje como defensa contra depredadores

neurotoxina veneno que daña el sistema nervioso

nocturno animal que duerme de día y caza o busca comida de noche

veneno toxina usada por las serpientes para atacar a su presa o defenderse

47

Índice